?! 科学漫画　サバイバルシリーズ

海面上昇のサバイバル②

（生き残り作戦）

海面上昇のサバイバル ②

文：ゴムドリco.／絵：韓賢東

はじめに

もし、海面が今よりも高くなっていったら、どうなるでしょうか？ 私たちが生活する陸地は、徐々に海水におおわれていくでしょう。最初は海に近い地域が海水に浸かり、次第に内陸まで海水におおわれていきます。そして、海水が陸地に入ってくると、川の水や地下水に塩分が混じるようになり、飲み水や農業用水として使えなくなるでしょう。塩分が増えた農地では作物の育ちが悪くなり、米や野菜の栽培も難しくなってしまいます。

このようなことが今、実際に起こっています。人類が排出した二酸化炭素などの温室効果ガスが、地球を急速に温めているからです。地球が暖かくなるにつれて海水の温度も上がり、体積が増えていきます。凍っていた極地（北極・南極地方）の氷河が溶け始め、その水が海に流れ込んでいます。その結果、海面が少しずつ高くなっているのです。

地球温暖化がこのまま続けば、こうした変化はさらに進み、人類はその被害を丸ごと抱え込むことになるでしょう。最初は、被害を受けるのは一部の地域だけに限られるかもしれません。しかし、徐々にその被害は世界全体に広がっていきます。

地球環境の変化には、私たち人類の行動も関係していると考えられます。だったら私たちの行動で変化にブレーキをかけることができるのではないでしょうか。今からでも温室効果ガスの排出を減らし、気温の上昇をおさえれば、海面上昇も遅らせることができます。地球環境を守るための努力が、今すぐ必要なのです。

突然、世界中で同時多発的に発生した台風と海面上昇によって災害が広がる中、島の人々を心配するジオは、エンジェル船長を説得して島に向かいます。幸いなことに、避難していたケイやピピ、島の人々を見つけることができましたが、パラダイス号はすでに定員いっぱいで、救出した人たち全員を乗せることはできない状態でした。

海面上昇の危機の中、ジオたちは生き残ることができるのでしょうか？ 手に汗握る危機脱出の物語。一緒に応援してください！

ゴムドリco.、韓賢東

目次

登場人物

ジオ

サバイバル能力値 ★★★★★

サバイバル能力→最後まであきらめず努力する根気

いつもポジティブなサバイバルの達人。
ノウ博士が発明した潜水艇「ドゥームズデイ号」を操縦。もうすぐ島に戻れると思って喜んだのもつかの間、海の真ん中で突然の台風に見舞われる。
頭の中には島に残されたピピとケイ、トコ、そして島の人たちのことが思い浮かぶ。

私はもともと
すごくカッコいい
のだ！

エンジェル船長

サバイバル能力値 ★★★★

サバイバル能力→いざという瞬間に放つ決断力

探査船「パラダイス号」の船長。目標はドゥームズデイ号で、できるだけ多くの鉱物を採掘すること。長い間苦労を共にした隊員たちと採掘したものを分け合う計画ではあるものの、どうしてもお金が最優先になってしまう。
ところが、絶体絶命のピンチに直面した瞬間、誰もが驚く決断をする。

ケイ

サバイバル能力値 ★★★★

サバイバル能力→他人を思いやる精神

ノウ博士の助手。島を襲った台風の中で、島の人たちと一緒に避難所に向かう。避難中も負傷者の世話に力を尽くす。不安な気持ちを子どもたちには見せまいと努力する。食糧や物資が不足する状況下で、他人に飲み水をゆずり、定員超過の船から降りようとするなど、自分より村人たちを助けたいと考える。

ピピ＆トコ

サバイバル能力値 ★★★☆

サバイバル能力→みんなのためにがんばる気持ち

ジャングルの少女ピピと島の少年トコ。島の人たちと一緒に防潮堤を築いている最中、台風に襲われる。きびしい避難生活の中でもいつも明るく、ケイと島の人たちを熱心に支える。ケイが自分を後回しにして島の人たちを救おうとしていることに気づいたのもこの２人。

1章(しょう)
消(き)えない希望(きぼう)

ケイ！
ピピ、トコ！
お願い、みんな無事でいて……！
ギュッ

ガシッ
ジオ。あまり心配するな。島では常に急な気象変化に備えてるから、みんな無事なはず。
ウルッ
副船長……。

確信はできない。今回の状況はこれまでとはまったく違うからな。
ビクッ

ジオ、お前もニュース聞いただろ？
私たちが海の真ん中で嵐に遭っている間、世界がどんな状況になってたか……。
クルッ
ゴクッ

海面の上昇が世界中で大規模に起きた。それに加えて洪水や、高潮まで発生して、多くの地域が大被害を受けている。
ゴオォ

だからみんなが無事だとは確信でき……。
船長！
キーッ

ガクン
ジオを見てよ。ショック受けてますよ！
いや、私が言いたかったのは……。
ウッ

最悪の状況を事前に覚悟しておいた方がいいということだ。余計にがっかりしないように。
最悪の状況……!?

違うよ！
え？

僕は最悪の状況は考えないんだ。
だからいつも一生懸命努力するんだ！
ケイもピピも絶対そうするはず！

だから、絶対生きているはずなんだ！
グッ
……!!
ビクッ

船長！
島に着きました！
そんな！
ここが……、
あの島だって!?
ショック

ドーン

ザワ
ほとんど沈んじゃった！
僕たちが出発した船着場がこれぐらいの深さだったから……。
じゃ、島の人は……。
……。
ザワ

これまで海面上昇は徐々に進んでいた。そのため島民たちも逃げる時間は十分あると考えていたはず。
しかし、今回は海水が一瞬で陸を襲ってしまった……。
ゴオオ
海面上昇がみんなの予想よりずっと早く起きて、海水が一気に島の大部分に流れ込んだのだ。
残念だが、四方が海だから逃げる場所もなかっただろう。
ブルブル
それじゃケイやピピは……。

クルッ
もうここにいる理由はない！
船を回して！この島を離れる！

隊員はみんな位置に！
また海に出るぞ！
はい、船長！
スタタッ
タタッ
ガシッ
船長、待って!!

話があるんだ。もし船長がこの島にいたとしたら……。
どう行動したと思う？
何？
僕だったら押し寄せる海水から逃れて高い場所に走ったはず！
グッ
全力でね！

生き残るために！
全力で高い場所に!?
間違いなく島のあちこちで避難警報が鳴っていたに違いないし、
高い場所に避難してください。
高潮警報です。
この島の住民なら避難経路も知っていただろうし。
こっちだよ！
スタタッ
タタッ

お年寄りなど、避難に時間がかかる人たちの避難を手伝わなきゃ！
避難用品を持って行けたらいいけど、何より大事なのは……。
素早く避難すること！
ジャバッ
ジャバッ
避難する時は周囲もよく見てたはず。こんな強風だとものが急に落ちてきたり、飛んでくることがあるから。
ビュ――ッ
ヒュッ
バタン
気をつけて！
ブスッ
そうやってみんな一番高い建物に登ったんじゃないかな。それも木造より丈夫な鉄筋コンクリートの建物に。

だから僕たち、
まず避難所を
探そうよ！
それは
島で一番高い
建物だよ！
何？
あぜん

そうですよ！ 海抜が
高い場所はまだ沈んで
いないですよね！
船長、まだあきらめる
のは早いですよ！
フム……。
グッ

間違いなくみんな避難所で
救助を待っているよ！
でしょ？
船長！？
地図は
どこ？
中に
あります！
ドドド

見つけました！
ジオの言う通り、
避難所がある！
スタタッ
クルッ
避難所が
あるだと？
東海岸の防潮堤工事をして
いる場所から遠くないです。
聖堂が避難所に
指定されています。
サッ
避難所の
位置
現在地

避難しているとしたら、
そこしかありません！
私たちは準備完了です。
船長！
船長～！
期待
ウウン

船長、
最高！
よし！島の東に
向かうぞ!!
はい！
了解です！
ワィ
ザッ

待ってて！
ケイ、ピピ……！
ザァアア

氷河って何だろう？

南極大陸と北極の周辺地域を指す極地や、ヒマラヤ山脈、アルプス山脈などの高山は、一年を通して気温が低いところです。そのため、一年中雪が溶けず、氷におおわれた場所があります。これらの地域に見られる巨大な氷のかたまり「氷河」について学びましょう。

雪がつくった氷、氷河

「氷河」は、雪が積もってできた大きな氷のかたまりです。緯度が高く気温が非常に低い極地や、ヒマラヤ山脈、アルプス山脈などの高山では、降った雪が溶ける前に次の雪が降るので、雪が積もり続けます。こうして長い間降った雪が、積もって固まって氷に変化することをくり返すと氷河ができます。凍り固まった氷河は重いので、同じ場所にとどまらずゆっくり流れ下ります。

アラスカのマージェリー氷河

氷河の３つの役割

第一に、氷河は淡水（真水）の貯蔵庫としての役割を果たします。巨大な氷河から溶け出した水は、流れ下って川や湖になります。このように氷河を水源とした淡水を、飲料水や農業用水などに使って暮らしている人が世界にはたくさんいます。長江（揚子江）、メコン川、インダス川、ガンジス川などアジアの大河は、ヒマラヤ山脈の氷河を源流としています。さまざまな動植物も氷河がつくり出した川や湖で、あるいはその周辺に生息しています。

ⓒShutterstock

氷河から溶け出た水がつくり出した氷河湖。

ⓒShutterstock

氷河湖周辺に生息するクマ

第二に、氷河は地球の温度を調節する役割を担っています。氷河の真っ白な表面は、地球に届く太陽光を反射して地表の温度上昇を防ぎます。また、氷河には、地球温暖化の原因となる二酸化炭素などの温室効果ガスが閉じ込められています。氷河ができる過程で、温室効果ガスが氷の中に閉じ込められるからです。

第三に、氷河は地球環境の歴史を研究するのに役立ちます。氷河は最長で100万年を超えるほど長い時間をかけてできたもので、深いところにある氷ほど古い時代につくられています。そんな氷河を掘り出して分析することで、氷ができた当時の大気中の二酸化炭素の濃度など、気候や環境の変化を調べることができます。

ⓒShutterstock

長年にわたる氷の層からなる氷河

2章(しょう)

新(あら)たな知(し)らせ

ザアア
ザブン
ザブン

さっき足が痛いって言ってたよね？
うん。左ひざがすごく痛いんだ！
ザアア

圧迫しよう。ピピ！そっちに包帯の残りある？
クルッ

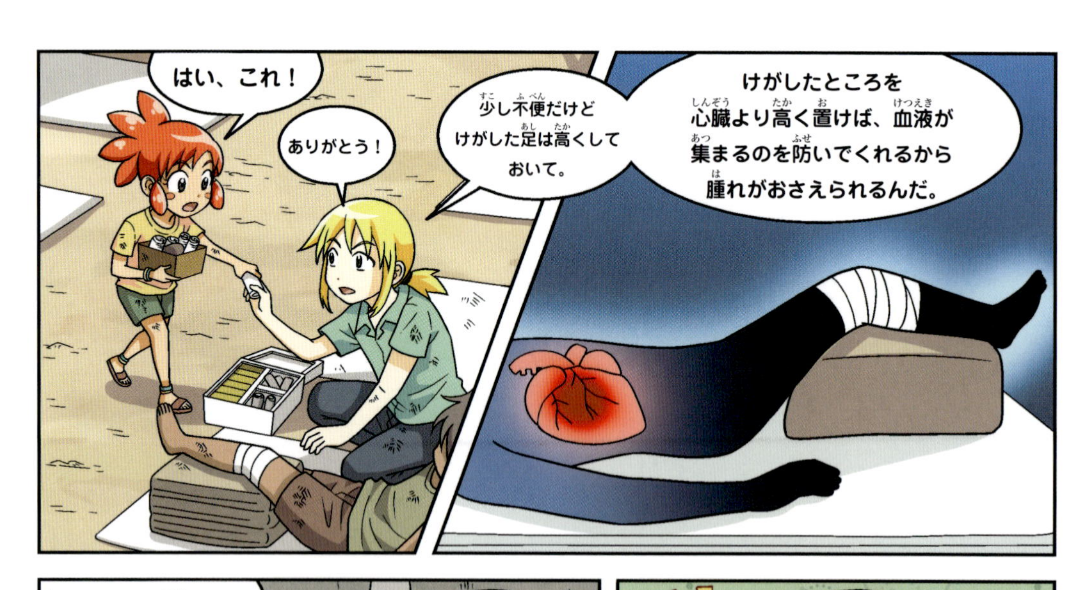
はい、これ！
ありがとう！
少し不便だけどけがした足は高くしておいて。
けがしたところを心臓より高く置けば、血液が集まるのを防いでくれるから腫れがおさえられるんだ。

熱があったから心配したけど、幸い下がったからすぐによくなるよ。
ありがとう、先生。
ニコッ
ウワー、カッコいい〜。
次の方……。どうしましたか？
夢ができた！大きくなってケイさんみたいな医者になる！
感動〜
キラッ
キラッ

フウ……。
やっと終わった。
ドカッ

ケイさん！
お水どうぞ！
タタッ
水？
おお、
ありがとう～！

ちょうど
のどがかわい
……。
ピタッ
ケイさん！
僕、決めたよ！
ギュッ
ヨシ
医療ボランティア
僕もケイさん
みたいに人助けをする
医者になる……。

待(ま)った！
ザッ
え？
どうしたの？
これ、飲(の)んだら
ダメそうだ……。
スッ
ケイさん……。
人(ひと)のためにボランティアをして、
飲(の)み水(みず)まで
ゆずるんだね……！
ウルッ
ケイさんはここの
誰(だれ)よりもその水(みず)を飲(の)む
権利(けんり)があるよ！
飲(の)み水(みず)は
足(た)りないけど、
人(ひと)の心配(しんぱい)
しないで飲(の)んで！
そうだ！
僕(ぼく)もそうしたい
けど……。

へんな匂いがするんだ。
え？ 匂い？
プ〜ン
クン
それ雨水ではあるけど……。

みんな嗅覚が鈍いようだね。どんな水でも飲めるなんて……。
ガラ
ガラ
ケイさんのような医者になる……。
そんな理由だったの?!
ケイさんのような医者……。
ケイさんのような……。

食欲↓
僕は胃が弱くて飲める水が決まってるんだ。氷河のミネラルウォーターが一番匂わなくていいけど……。
実際こんな状況じゃ、海水じゃないだけでも感謝しなければならないけど……。海水は塩だから脱水を起こすこともあるし。
クドクド

フウ、わがまま言ってないで飲んで！
その雨水も沸かして消毒したものだよ。水が足りないのに、トコがゆずってくれたんだよ！
ドロ
ドロ
ピピ！ まさかその手で雨水を沸かした？
ムカッ
手を洗って沸かしたよ！

とにかく僕はいいや、トコ、飲みな！
あっ、それじゃ……。
スッ

ゴクッ
ウワ、おいしい～！

ケイさんは？水飲まなくて平気？
僕は平気。じゃあね～！
どこまできれい好きなのかな～！
ブルブル
ピピ、やっぱり僕のことを心配してわざと飲まなかったんじゃないかな。
そうかな？
落ち着け……。僕が震えてる様子は見せちゃいけない。
ブルブル
ブルブル
子どもたちが不安になってしまう……。

できるだけ思い出さないように
するんだ……。
ゴオオ
ウワア～!!
助けて!
バシャ
バシャ
僕らが救えなかった
あの人たちも、きっとどこかに
安全に避難したはず……。
僕たちみんな、絶対……、
救助されるに決まってる。
生き残ってここから出るんだ!

ケイ！
ビクッ

ラジオが聞こえたよ！
ジジッ
はい……、ジジジッ……。世界中からニュースが届いています……。
ラジオ？
そうだ！避難所にラジオがあった。
通信が回復したから救助隊もすぐ来るよね？
これで助かった！
ワァ
うちの島のことも出るわね！
ハハ
雨がいつ止むかも気になる！
元気を出して生き残らなきゃ！
そうだ……、今は絶望する時じゃない！

ジジッ……。お知らせします。あちこちで……、避難して救助を待っている……。
ワア！ 私たちの島のことだね！
ワァァ
万歳
パチパチ
当然さ！ うちの島にこんな大変なことが起きたのは初めてだから！
これまでお伝えしたように……、今世界中が突然、かつてないほどの海面上昇に直面し、災害が起きています。
ピタッ
ガ
じゃ、この島だけが災害に遭ってるわけじゃない？
何だって？ 世界中？
ガーン

世界中が共同で対策に追われています……。
専門家らは……、海面上昇がどこまで進むか……。
いつごろこの事態が安定するか話し合い……。
しかし、現在はすべてが不透明です……。
ジジッ
ジジッ
ジジッ
生存者のみなさんはできる限り海岸線から遠く離れた高い場所に移動してください……。もう一度……。

そんなあ。これからどうしたらいいんだ？
なんだ、じゃ僕らを助けに来るわけじゃないんだ？
ザワ
ザワ
避難所の食糧も底をつきそうだって！
ケイ……。

ウエ～ン
落ち着いて考えよう。
救助隊なしでどれだけ耐えられるか……。
上の階にいるケガ人、そして子どもたち……。
下の階の人まで合わせたら180人以上。
残る食糧は避難所にある非常食のエナジーバーが数個だけ……。
エナジーバー
エナジーバー
ジーバー
ジーバー

僕だけが感じたんじゃないよね？建物が揺れた！
これは何の音？
ドド
ドン
まさか！
もしかしてこの建物が崩れる音かな？
ザワ
ザワ
何!?
ハッ
浸水した！
入り口から水が！
ドシン

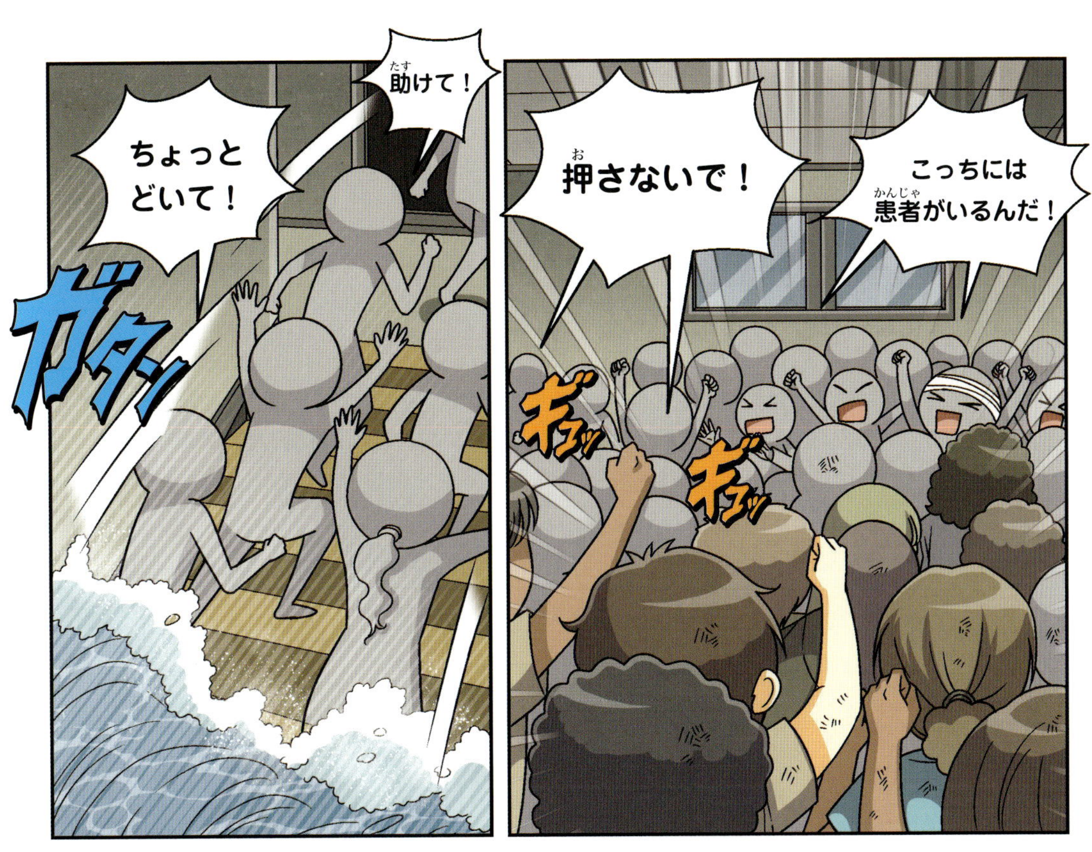
助けて！
ちょっと
どいて！
ガタン
押さないで！
こっちには
患者がいるんだ！
ギュッ
ギュッ

ウワ、
お願い、やめて～！
カーッ
ウワッ
ウッウッ
ハッ
もしかして海が
高くなった？

!?
ザブーン
ザブーン

あれ……。
あっ？

ここまで海水が上がってくるとは……。
怖いよ！
ザァァ

ジオ……、絶対生き残るんだぞ。どうやら僕はここまでだ……。
はい!? 僕が操縦士？ ドゥームズデイ号の操縦士になるの？
パーッ

ワアア！ やった!!
ビクッ
こら！
コラッ
喜んでる場合か!?

ケイ！
あれ見て！
サッ
海しかないのに
何を見ろと……！
!!

ケイ!!
ブーン
ジオ!?

氷河にも種類がある

氷河は極地だけでなく、さまざまな地域で見られます。大きさや見られる場所などによってさまざまな種類に分けられる氷河について学びましょう。

氷河の区分

氷河はどこにあるかによって「大陸氷河」、「山岳氷河」に分けられます。

大陸氷河は、文字通り大陸のような広い面積の土地をおおっている巨大な氷河を指します。南極大陸やグリーンランドなどの極地で見られる大きな氷河が、大陸氷河にあたります。大陸氷河は「氷床」とも呼ばれます。

山地で見られる氷河は山岳氷河といいます。近年、日本の立山連峰などにも山岳氷河があることがわかりました。

山岳氷河のうち、谷に沿って流れ下る氷河は、「谷氷河」と呼ばれます。谷氷河は主にアルプス山脈やヒマラヤ山脈、ロッキー山脈などの高山で見られます。谷氷河が谷に沿って流れ、低い平野に移動してできた氷河は「山麓氷河」と呼ばれます。扇のように広がるのが特徴です。山麓氷河はアラスカの海岸山脈周辺で多く見られます。

山岳氷河にあたるノルウェーのブリクスダール氷河

宇宙から見たアラスカのマラスピーナ氷河（山麓氷河）

南極大陸の氷河と棚氷

氷河は標高の高いところから低い方へ、ゆっくり移動していきます。南極大陸の氷河を例にあげると、氷河はゆっくり流れ下って海に達します。この時、海と接する氷河のはしは平らになり、海に浮かびます。このようになった氷河を「棚氷」といいます。棚氷は厚さが数百mに達するものもあり、海水に浮いていても簡単には溶けません。世界最大の棚氷として知られる南極のロス棚氷が代表的です。

海を漂流する流氷

氷河や棚氷が割れてさらに小さくなると海を漂います。これが「氷山」です。「流氷」というのは、海を漂っている氷のことです。

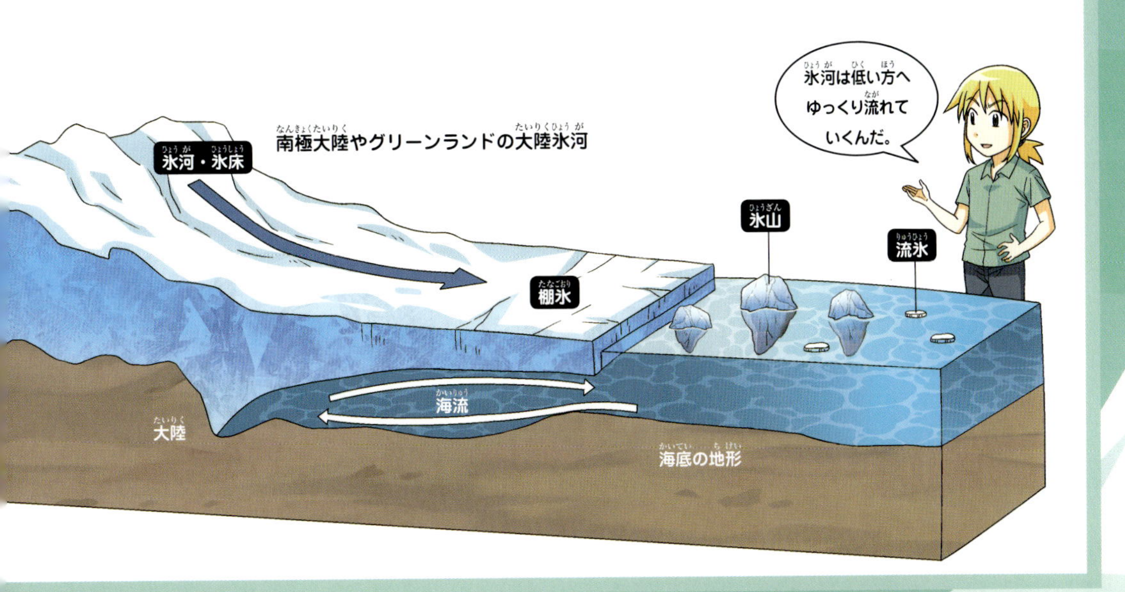

3章(しょう)
エンジェル船長(せんちょう)の決断(けつだん)

ジオ、救助する人は全員で何人ぐらい？
ガシッ

182人です。その中にけが人も20人ほどいます。
ボリッ

行方不明の島民もかなりいるって。
みんな無事だといいけど……。
ザアア
困惑
何？

どうしたんですか、副船長？
何か問題が……。
あの、それが……。
アタフタ

……この船に乗せられる人数だよ。
41人……。
41人だ……。
え……？
ボリッ
え？ 何だって！？
ガガーン
この大きな船にあと乗せられるのがたった41人なの？
じゃ、残りの人たちは？
モジモジ
全員となると船が耐えられないはず。危険だ……。
僕らもみんな乗せたいけど……。

船が安全に浮くことができる重さが決まっていてね。
41人が最大人数なんだ。
キョロ
キョロ
もうすでに限界値に近いけど、無理してでももっと乗せようとしてるんだ……。
全員がこの船に乗れない……？多くの人が救助を待ちわびているのに？
ザアァ
救助されてよかった。
すごく寒かったでしょ？毛布をどうぞ。

それでですね、まず……
子どもたちと女性から
船に乗せましょうか？
ケイさん……。
モジモジ
あっ……、
はい！

じゃ、避難所に戻って
みんなを連れてきます。
クルッ
ケイ！

ケイ……、
やっと会えたのに、
まさかまた別れるの？

いやだ！
ギュッ

トコ……？
ウルッ
ギュッ
ここにいてよ！

ウル
行かないで！
ウル
あちゃ、
鼓膜が。
ウェーン
泣かないで！

そうだよ！ ケイはここにいて！
カーッ

全員が船に乗れないなら、乗る人を公正に決めないと！じゃんけんやくじ引きとかで決めよう！

ダメだよ。もともとこういう状況では、力の弱い人を先に助ける決まりなんだ。
タジタジ
なら私の方がケイよりずっと力が強いけど？
ケイはひ弱だし運動神経ゼロなの！
ひ弱
運動神経ゼロ
ブスッ
ブスッ

やめろ、ピピ……。海では「バーケンヘッド号」の精神に従わなきゃいけないんだ。
それで女性と子どもから救助するんだ……。
サッ
えっ？それ何？

＊救命艇：船が遭難したときに人々を救助するために使う小さな船。

そして、船を統率する船長にはもう1つ重い責任がある。
船長は命をかけてでも自分の船に最後まで責任を負うということ。
船と船長は運命を共にする！
ビュ――
だから、子どもたちや島の人たちを最後までよろしくお願いします。エンジェル船長。
ザアァ
……。

ジオ！ お前はきっと生き残れるはず。みんなを頼んだ！
サッ
ケイ！
クルッ
いやだ！ 行かないで～!!
エ～ン
ウエ～ン

やめ！ やめえ～！
うるさい!!
くさい芝居はやめろ！
コラッ
パタパタ

何だって！？
初対面から気に入らなかったけど！
ゼイ ゼイ
ケイ！がまん！
休みなしに騒ぎ立てるな！計算のじゃまになるじゃないか！
イラッ
サッ
パラダイス号の誇らしき隊員たち、みんな聞け！
これから私たちが採取した鉱物を、
全部海に捨てる！
ビクッ
ハッ
船長が……？
何？鉱物を海に捨てるだって！？

そうすれば島民みんなが
船に乗れるだろ？
!!
ビクッ
ワァ!

しかし、隊員の中に
反対者が1人でもいたら、
私はその意思に従う。
この鉱物は
みんなのもの
だからな。
副船長、
私の計算は
間違ってるか？
じっくり
グッ
いえ！
合ってます！

私たちはもちろん賛成です！ 鉱物の代わりに人を乗せましょう！
ワァァ
私の分は海に返してしまってもかまいません！
パチ
船長が放棄するんだから、我々だってできますとも！
やった！ 本当によかったね、ケイ！
万歳
キャ〜！
万歳！
早く鉱物を捨てよう！
天気がもっと悪くなる前に島民を全員乗せなきゃ！
全員を救助できるなんて本当によかった！

船長、すごくかっこよかったよ！
鼻高々
私はもともとカッコいい人なのだ！

さあ、上がってきてください！
♪♬～
ハハ

さあ、みなさん船の中にお入りください。
満足
船長、最高！
♪♬～
……本当に船長らしいね。

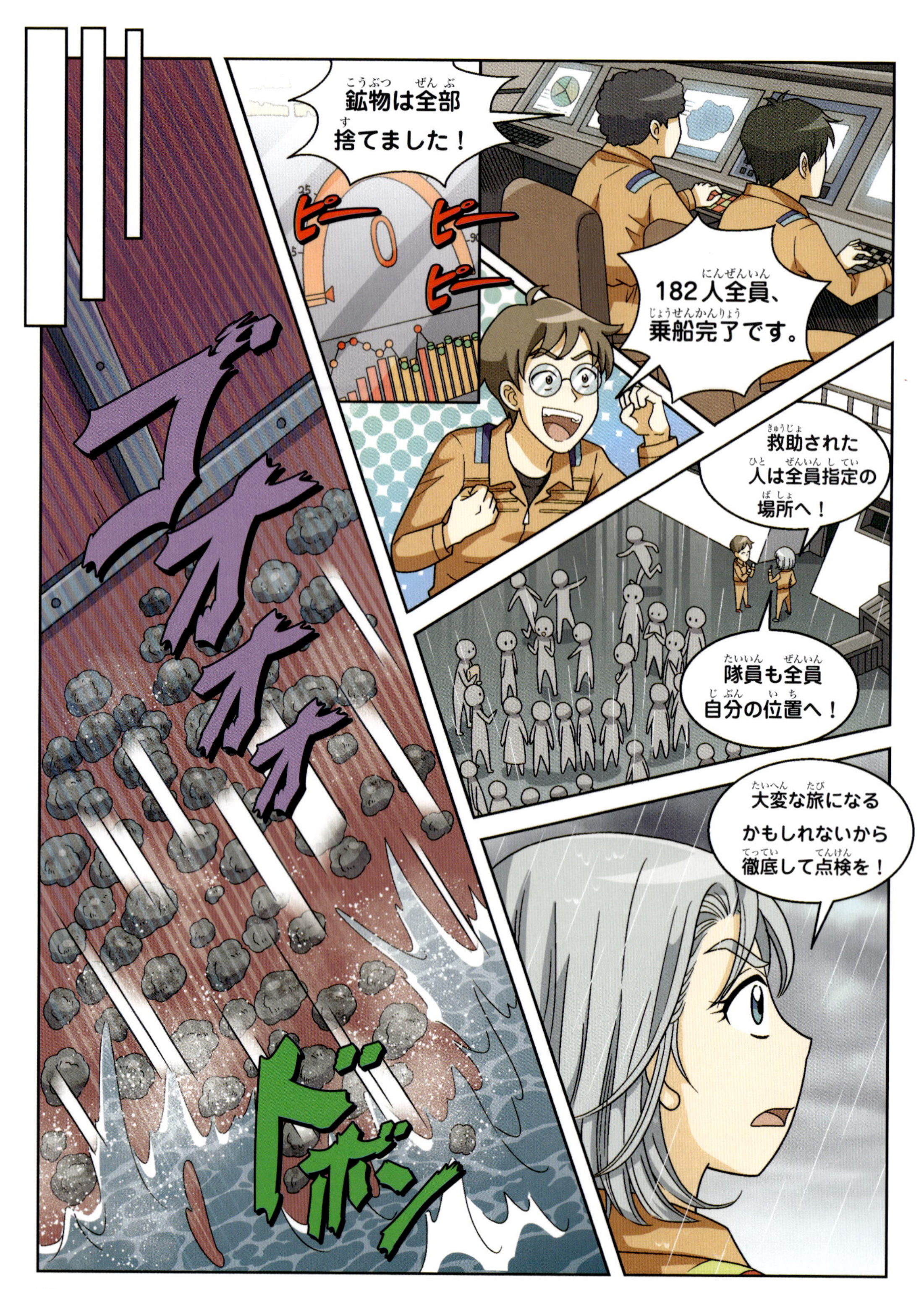
ゴオオオ
鉱物は全部捨てました！
ピー
ピー
ピー
182人全員、乗船完了です。
救助された人は全員指定の場所へ！
隊員も全員自分の位置へ！
ドボン
大変な旅になるかもしれないから徹底して点検を！

また嵐が押し寄せてきたぞ……。
ゴロッ
ゴロゴロ

目が回る！
ウッ！船がすごく揺れてるぞ！
ゴオオ
大丈夫。みんな一緒だから。これからみんなで乗り越えればいいさ！
グッ

海流って何だろう？

みなさんは海水が移動することを知っていますか？「海水の移動」というと、どんなことが思い浮かびますか？ 押し寄せる波あるいは満ち潮、引き潮も海水の移動といえますが、実は海水は深いところでも規則正しく休まず流れています。

海水の流れ、海流

海水は一カ所にじっとしているのではなく、絶えず一定の方向と速度で流れています。一年中続くこの流れを「海流」といいます。太平洋を流れる黒潮、赤道に沿って流れる赤道海流（北赤道海流と南赤道海流の２つがある）、大西洋の北大西洋海流、インド洋の南インド洋海流など、たくさんの海流があります。これらの海流は、地球の海水を均等に混ぜる役割を果たします。そして、熱エネルギーや栄養分をあちこちに運んで地球表面の温度を調節し、海の生き物たちが暮らしやすい環境をつくります。複数の海流が集まって環のような流れになったものは「環流（循環流）」と呼ばれます。

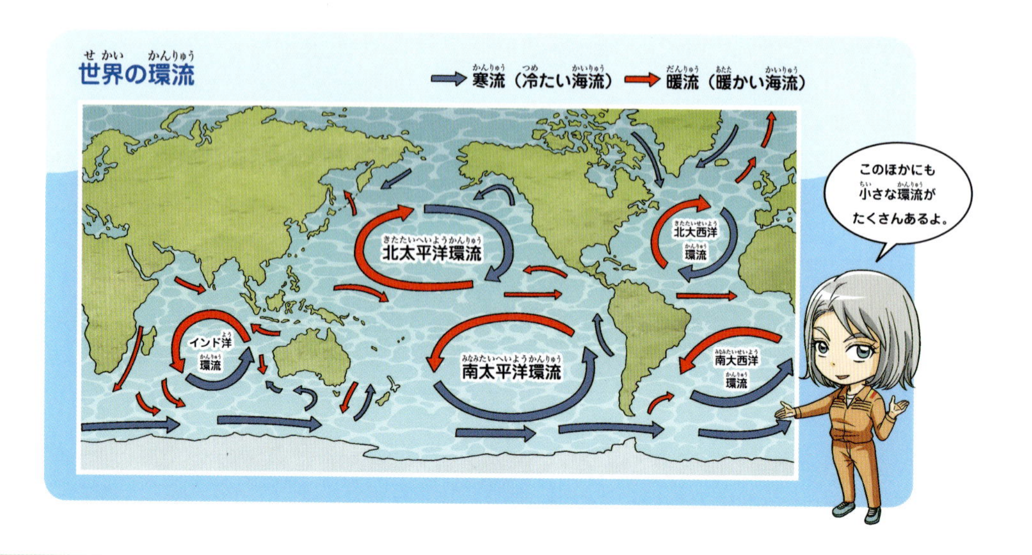

表層海流と深層海流

海流は流れる深さによって「表層海流」と「深層海流」の2つに分けられます。表層海流は海面付近を流れる海流で、おもに貿易風や偏西風などの風によって流れが生まれます。一方、深層海流は海の深いところを流れる海流で、海水の温度や塩分濃度の差から流れが生まれます。昔の学者は、海の深いところでは風が吹かないので海流がないと思っていましたが、深海の研究が進み、海の深いところにも海流があることが明らかになりました。

寒流と暖流

海流は温度で分けることもできます。海面付近を流れる海流の中で、冷たい海水を運ぶ流れを「寒流」、暖かい海水を運ぶ流れを「暖流」と呼びます。60ページで、海流が地球の熱エネルギーをあちこちに運んで温度を調節すると説明したのは、まさに寒流と暖流が循環するからです。寒流は高緯度地域の冷たい海水を低緯度地域に運び、低緯度地域の暑い空気を冷やす役割を果たします。逆に暖流は低緯度地域の暖かい海水を高緯度地域に運び、高緯度地域を温めてくれます。このように寒流と暖流は周辺地域の気候にも影響を及ぼし、暑すぎたり寒すぎたりしない穏やかな気候をもたらしています。

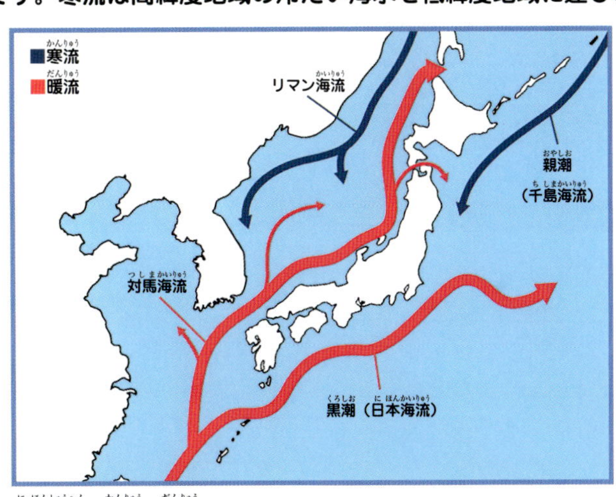

日本周辺の寒流と暖流

4章
船の中の人々

キャーッ！
すごく揺れる！
ヨロッ
しっかりつかまって！
ぶつかった！
ボコッ
ゴロゴロ
みんな手で頭を保護して、座るかうつ伏せになってください！
サッ
体の重心を下げた方が安全だよ！
できるだけ固定されたものをつかんで倒れないように気をつけて！
揺れが止まるまで、できるだけ動かずにいてください！

計器類に
問題が……。
ピー
ピー
これだと
どこに港があるか
方向がわからない
ぞ……。
ピー
あっ、でも
考えてみたら
関係ないか？
ボリ
どうして？
？

今は陸も海も
変わらないから！
ハッ、
波が……！
ワーッ！
ザブーン
ビクッ

次は電気も
問題……？
波の衝撃の
せいみたい！
絶望
真っ暗

ハア！ どっちが
勝つかやろうって
ことだな！
ビクッ
クルッ
え？
ガチャッ

船長、
これ以上不安に
させないで～！
かかってこい！
もっと暴れてみろ！
私はこの程度じゃ
怖くないぞ！
ビューーン
ザブン
ザブン

オエエエッ

ケイは船酔いがひどいね。
水でも飲んで、ケイ！
オエッ
キョロ
キョロ
水は僕が探してくる。
でも、残り少ないかも……。

あっ、あそこに1本ある……！
ヒュッ

ケイさん、見つけたよ！少し待ってて！
スタタッ

サッ
ゴクッ
ゴクッ
ダメだよ！
ショック
ブル
ブル

残ってるから飲んで。
スッ
ごめん、トコ。のどがかわいてて気づかなかった……。
ボリ
僕が先だったのに！
ウエ〜ン

ほとんどない
じゃないか～！
ハッ

ケイさんに
あげるのに～！
タジタジ
バタ
バタ
ごめん。
別の場所には
ないかな？

……。
あの先生、
メチャがんばってる
のに！
ケイ先生が飲む水を
奪ったらダメだろう！
あら、なんで子どもを
泣かせてるの？
ウエ～ン
グル
グル

私は知らないで
飲んだだけなんだ！ 水が
もうないなんて知ってる
はずないだろ？
ウッ
ズキ
ズキ
大丈夫……。
水はいらない。
ただ静かにして……。
うるさくて
頭が痛くて
めまいがする
……。

何？
もう水がない？
ガガーン
水がないなら
これから
どうすれば！？
大変なことに
なった……。
どうしよう？
まさか食糧も
ないんじゃ？
食糧も！？
ザワ
ザワ
私たちみんな、この船の中で
飢え死にするんじゃないの〜！
ザワ

みんな
落ち着いて！
ピタッ

雨水を集めて浄水して
沸かして飲めば
十分足りるよ。
飲み水は心配ないよ。
雨がずっと
降ってるから。

この船には雨水の
浄水装置が備えられて
いるんだ。
雨水に入っている
不純物をきれいに
ろ過してくれる浄水装置

でも、他のことは
どうする？
それじゃ
水は解決ね。

困難は１つずつ力を合わせて解決すれば大丈夫だよ。
お互い助け合えばどんな危機でも乗り越えられるよ！
感動
ジオさん、かっこいい！
ジオ……。
ワァ

実際みなさんはすごくラッキーです。
こういう危機的状況で僕のようなサバイバルの達人と一緒にいるだけでもね。
ハハ
こんな状況でも自慢できるなんてあきれる。
ウウッ
波が少し穏やかになったみたいだから、一緒に計画を立てようか？
ウウッ
何からする？
いいね！

ガラガラ
まず、僕たちが持っている物資に何があるかを確認しましょう。
ゴトッ
ゴトッ

ラジオは使えるかな？
スッ

避難所にあったから持ってきたけど、電波があまり受信できなかったの。
聞ければいいけど……。

とにかく集めたものは公平に使えば大丈夫。
そして……。

船長に聞いたら、船に
非常食がかなり
あるって。

それに天気がよければ海で
釣りもできるからあまり
心配しないで～！

よかった……。
フゥ～

それと、島民は大きな
船室を３つ使えることになったんだ。
健康状態によって区域を
分けてみようと思うんだけど、
どうですか？
そうしよう。
いい
アイデアだ！

1番目の部屋は患者さんたちが過ごす場所。ケイが患者さんの面倒を見るよ。
熱がまだあるね。
ウウッ！船酔い……。
ザッ
そして健康な人は、2番目と3番目の部屋にいるようにしましょう。
スペースが狭いから、お互いゆずり合ってうまく使ってね。
グーグー

浄水装置を使った水は、
飲み水以外の使用を
しばらく控えましょう。
掃除やシャワーも禁止です。
その代わり、手は
よく洗って、お互いに風邪を
引いたりうつしたりしないように
気をつけましょう。

シャワー禁止だって？
ありえない！
僕は反対！
掃除禁止！
シャワー禁止！
私、得意だよ！
キャア
賛成VS反対
トン
トン

それに、何よりもだいじなことが
あるんだけど……。
それはピピに任せた！
ドキッ
私に？
だいじなこと
って？

避難生活をするときにだいじなのはポジティブな気持ちを持つことと健康な生活習慣を保つことです。
心身を整える方法、インドのヨガをしながら大きく深呼吸をしてみましょう。気持ちを落ち着かせるのに役立ちます！

そして軽く瞑想して終わり～！
さあ、私に続いて息を吐いてみてください。フウ～。
フウ～
ゲッソリ～

ワハハ！
ハハハ
最後にみんなで大きな声で笑いましょう！
ハハハ
もう一度！
ハハハ
ゴォォ
グラ
グラ
ハハハ
気象悪化に機械の故障、船はどこに向かってるかもわからない。私の気苦労も知らずにいい気なものだ！
ハッ、今笑っている場合か？
うるさい！笑うのをやめろ！
アタフタ
ムカッ

海面上昇と向き合う国々

海面上昇が進むことで、国の将来が危険にさらされている国々があります。これらの国々は、海面上昇に対抗する備えを急がなければなりません。

キリバス

キリバスは南太平洋に位置する人口約13万人の島国で、33の島からなります。日付変更線を基準にしてもっとも東にある国なので、世界でいちばん早く太陽が昇る国としても知られています。キリバスはサンゴ礁からできた土地が国土の大部分で、平均の海抜が約２ｍしかありません。そのため、すでに海面上昇により浸水した地域があり、2050年ごろには国土の多くの場所が海水に浸かるのではないかといわれています。それによって、＊気候難民が大量に出るおそれがあり、国民の移住も検討されています。

写真：朝日新聞社

国土のほとんどがサンゴ礁の島からできているキリバス

＊気候難民：気候変動によって環境が変化することで生活していた場所を離れる人々。

海岸に隣接する
キリバスの伝統的な家

モルディブ

建物が密集しているモルディブの首都マレ

インド洋上の島国、モルディブは、約1,200の島からなり、リゾート地として知られています。面積は東京23区の半分ほどの小さな国ですが、きれいな海と美しい景色が世界中から観光客を呼び寄せています。

この美しい島国は、国土の平均海抜が約1.5ｍしかなく、海面上昇だけでなく、常に高潮などの危険にさらされています。2004年に発生した巨大地震「スマトラ島沖地震」のときも、大津波が近くの国の沿岸やインド洋の島々を襲い、20万人を超える命が失われました。その中で、モルディブの首都のあるマレ島では、日本の協力により島を囲むように築かれた防波堤が津波を食い止め、マレ島では1人の死者も出しませんでした。『海面上昇のサバイバル1』の137ページで紹介したように、現在、海面上昇に備えて「フルマーレ島」という人工島を建設中です。新しい技術やアイデアを生かした人工島が、海面上昇からこの島国を守ってくれるでしょう。

美しい景色を誇るモルディブの砂浜

5章 止まってしまったパラダイス号

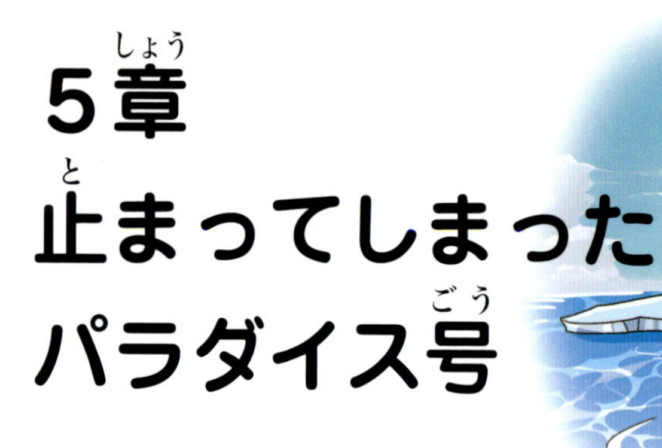

ジオ、
おはよう！
サッ

副船長は
何してるの？
ありがとう！

計器類が故障したんだ。
僕らが今どこにいるかも
わからない状態だからなんとか
直さなきゃ。
直しているようで、
実は壊しているのでは
ないか？
じゃ、船長が
やってくださいよ！
ムカッ
こういう
のは副船長の
仕事だ。
ウワア～！
じゃ、僕たちは
これで……！
スタタッ

ハ、ハ、ハ～クション!!
クルッ
ウウ、どんどん寒くなってるみたい……。
チ～ン

通信網どころか、ほかの機械も故障したみたいだけど？
ヤレ
ヤレ

船長は何て？通信網はつながったって？
ケイ、このお湯でも飲みな！
タラ～

通信網が
つながらないと外部の情報が
わからない……。
フ〜ン

僕たちはいつごろ
陸に戻れるのか……。
海面は低くなってきている
のか、救助できなかった人たちは
どうなったのか……。
ザブン
ザブン

グーグー
クー
グー
やっと海が穏やかに……。

ビクッ
ハッ！
あれは何だ！？

ドドーン！
パチッ
今の何の音だろう？それに船が揺れたぞ！
ガバッ
何だ？ この揺れは……！
ケイも感じた？
パッ

出て確認してみよう！
タタッ

スタタッ
隊員、全員起床！
ビクッ
配置につけ！

何だ？ 何か非常事態が起きたみたいだけど？
キョロ
キョロ

ジオも起きたの？何かあったんだろう？
クルッ
ピピ！

気温が非常事態じゃない？
外ってこんなに寒かったっけ？
ブルブル
そういえば、すごく肌寒い！
ゾク
ゾク

船長！
クルッ
……ジオ？

ハッ！
ビクッ
いったい何事なの！?
ダダダ

ドドーン
あれは海に流れ出た、氷河!?
ズキン
ハッ

巨大な氷のかたまり!?
ありえない……!
ショック
ウワア、あれが全て氷なの!
ワァ

極地まで
流れてきたってこと
じゃないか！
いくら船が故障したからって
氷河の先端に着くまで放って
おくなんて……！
ギクッ
だから寒かった
のか……。

うん？ 極地？
それはね……。
ジオさん！
極地って何？
クルッ
キラッ
キラッ

氷があって寒くて……、
それにホッキョク
グマもいて……。
地球のはしに
あるんだけど……。
しどろ
もどろ
極地とは……。

地球の南のはしである南極と、北のはしである北極の周辺地域を指す言葉なんだ。
北極
南極と北極はどちらも極地だけど、生息する生物から地質学的な特性に至るまで違いが非常に多いんだ。
南極
南極は大陸の上をおおう厚い氷河が一年中溶けない地域。
北極は海に浮かんでいる巨大な氷の上に位置している。つまり、北極には大陸はない。
南極
北極
それに南極大陸はどの国の領土でもないけど、
北極に近い「北極圏」の陸地や島は、アメリカ、カナダ、ロシア、デンマーク、アイスランド、ノルウェーなどの領土なんだ。
ワア！じゃ、ここはどこなの？
ワァ
北極？

南極の近くかも！
航路から見たらおそらく……。
フッ

今さら知ってるふりして……。

よかったじゃん！
少なくとも僕らがどこにいるかわかったし！
ギャ～
ガォ

昨日から気象状況もとてもよくなったし、
船長は有能だから、すぐに陸へ向かうよね？
エヘン
そんなの目を閉じてもできるぞ。

助かった！
万歳～
船長、万歳～！
ワァ
ウッ

しかしだ。さっき氷河と衝突してから、船がまったくいうことをきかないのだ。少し待ってくれ。
カチン
え!? 衝突!?

心配しないで! 大きな損傷じゃないと思う。
外部的な問題みたいで、できるだけ早く確認するから。
とにかく船が動かないってことだよね。
外部的な問題なら、海に入って船を見なきゃいけないということだよね。この冷たい極地の海水に潜れるの?
ベタッ
もうここで凍え死ぬのか!?

ハハ、それなら心配しないで。船長、僕らには秘密兵器があるじゃん！
秘密兵器？
サッ
クルッ
クルッ

ドゥームズデイ号……！
ドドーン
あれに乗って海の中を直接確認すればいいじゃないか！
……！

シュウウウウ
ジオ、気をつけるんだよ！
心配しないで！僕にまかせて！
大丈夫！すぐ戻る。
大きな問題がないといいけど……！

まだある！　海面上昇と向き合う国々

オランダ

　西ヨーロッパに位置するオランダは、国土の4分の1が海面より低い国です。日本ではオランダと呼びますが、オランダ語ではNederlandという国名です。この国名は「低い土地」「低地の国」という意味を表します。こうした環境ですから、早くからオランダは、堤防を築いて土地を＊干拓することに力を入れてきました。800年以上も海水と闘ってきているのです。その過程で、オランダを象徴する風車と運河が誕生しました。風車は、干拓した土地で水を捨てる排水ポンプの動力として使われたのです。しかし、地球温暖化によって今より海面が高くなれば、再び危機を迎えることになります。そこでオランダは、堤防を強化し高くするなどさまざまな対策を進めています。

浸水した道路を通行するオランダのトラック

©Shutterstock

＊干拓：湖や海の浅いところを堤防で仕切り、内部の水をくみ出して陸地や農地にすること。

土地が低く運河が発達したオランダ

©Shutterstock

バングラデシュ

南アジアにあるバングラデシュは、国土の大部分がベンガル湾沿いにできた*デルタ（三角州）地帯です。このデルタ地帯を大小の川や水路が網の目のように走っています。このような地理的条件に加え、雨の多い熱帯気候なので洪水が起こりやすいのです。熱帯低気圧「サイクロン」も毎年のようにやってきます。加えて海面上昇の影響により、バングラデシュの海岸地域は少しずつ海水に浸かり始めています。

ⓒiStock

サイクロンによる洪水に見舞われたバングラデシュ（2021年5月）

海面上昇の影響は、サイクロンなどの災害被害を大きくするだけでなく、海水が地下水に浸透する（しみこむ）という問題も起こしています。塩分の混じった水が農地にしみこむと、農作物が育ちにくくなります。塩分をふくむ地下水やため池の水を飲んで、健康をそこない苦しんでいる人が多くいることも報告されています。

＊デルタ（三角州）：川の下流に、川の水が運んできた砂や土が積もってできた平らな地形。

ⓒShutterstock

堤防を築けば、洪水を防ぐことができる！

洪水で崩れた堤防を補修するバングラデシュの人々

6章(しょう) 崩(くず)れる氷河(ひょうが)

ザワ　ザワ
ピピの話を信じてないみたい。
そんなはずないよ！ほら、みんな安心してるでしょ～！

ジーイッ

ジーッ
ジジーッ
……続いて次は、ニュースをお伝えします……。
よかった……！ラジオが生き返った！
クルッ

パッ
クルッ
クルリ
船に損傷した部分は見えないが……。
何が問題で動かないのだろう？
じっくり
きれい

船に穴でも開いたと思ったけど、
そんなんじゃなさそうだね？
ビクッ
何!?

そんな大変なこと
言うな！
クスッ
そうじゃなくて
よかったって。

あ？
あれは……？

何だ!?
船長！
あれ見て！
クルッ
ハッ

*いかり：船を動かないように止めておくために、鎖や綱につないで水底に沈めるおもり。

船に固定されていたいかりがなぜ外れたんだろう？
固定装置が故障したのかな？
知らずに運航していたら船がひっくり返るところだった！
ガヤ
ガヤ
確認したら、片方のいかりが下りていた！
そんな！
大変だ。

副船長。
いかりなら、また引き上げればいいんじゃないですか？

ダメなんだ。氷に刺さってるらしくて。
それに……。
ガシッ
ウウッ

本来、こんな深い海ではいかりを下ろさない。事故が起こる可能性があるし、それに引き上げるのはすごく大変なんだ。
そんな……！

それじゃ、ここで立ち往生するということですか？この船にいる人たちはみんなどうなるんですか！
チーン
残念だが、私たちはこのまま……。
このまま……？本当に終わりってこと!?
ワナワナ

いや、ケイ！
方法はあるよ。
ふざけないでよ、
船長！
フン！

ドゥームズデイ号の
レーザーを利用していかりの
鎖を切ればいいんだ。
心配しないで！
シューン
おお、ジオ、
天才!!

その方法があったか。
本当によかった～！
パチ
パチ
いったいこんな深刻な
状況でどうして笑って
られるんですか？
メラメラ

ケイ、もう少し待って。
すぐにいかりの鎖を
切って上がって
みせるから！
サッ
船長！
副船長！
ガチャッ

ラジオを聞いて！
タタッ
ラジオ!?
何!?
ワァ
外の状況はどうなってるって？
ジジッ
音を大きくするね。みんな一緒に聞いてね！
クルッ

各地から届いた……。

災害関連の
ニュースをお伝えします。
ワァ
ジ～ン
ああ……、
やっと！

ピン
おお～！
救助が始まった
ようだな！

衝撃的な被害状況が連日届いています。
海面上昇が続き、世界中で浸水被害がさらに悪化しています。
ジジッ
何だって……？
ロンドン、ロサンゼルス、バンコク、ブエノスアイレスなどで浸水が起き、世界人口の10分の1が今回の海面上昇で避難民となりました。
標高の高い地域に向かう避難民の列がますます増え、国際機関や各国政府では避難民のための救護に全力をあげています。
解決するどころか、どんどん悪化してるじゃないか？
ハア……。
ハーッ

専門家は海水温の異常な上昇によって
多くの水蒸気が発生したことが
原因であると分析しており、世界各地で
大雪や大雨が降っているのもその影響だ
という意見が多数です。
……気象異変で通信が
途絶えた海上の船舶に対しては、
正確な被害状況が
把握できていない状態です。
どうしよう……。

まだ解決されていないとは……。
ブルブル
救助を期待するのは難しいな。
世界の専門家が集まり対策会議を……。
ジジッ
ジジジッ
委員長は……。
衛星写真で確認したことを発表します。極地にあった氷河のおよそ半分が消えたことがわかりました。
1981年
ロシア
現在
50%
突然の海面上昇と大きな関係があると見られます。
グリーンランド
カナダ
極地って、まさかここのことを言ってるの？
何？ 氷河？ もしかして……。
パチン

氷河が溶け続けると、今の２倍を超える海面上昇の脅威があると予測されています。
ジジッ……、ジジッ……。
……専門家らは氷河に向かう海流……、解決策……。
電波が途切れるね……。
私がさわってみる！
クルッ
何だ、この音は？
ドドドーン

ドドド
氷がどんどん
崩れてる!!
ドドドドーン

ケイ、どうしたの？
ショック
氷がまた崩れた……。
今のその音何!?
じゃ、海面がもっと高くなるの？ 氷がさらに溶けてるけど……。
ウウッ
僕の村には……。もう戻れないの？
ハハハ
海面上昇を止める方法は本当にないの？

氷河が海面上昇の原因なら……。
パッ
解決方法もやはり、氷河にあるんじゃないかな？
!!
ドドーン

解決方法って、
何かいいアイデアがあるのか？
ボリ
あっ……、
実現可能性があるアイデアではあるんだけど……。

あっ、そういえばさっきラジオで何か解決策を話そうとしていたようだけど……。
クルッ
ハッ、じゃ絶対聞かなきゃ！

でもどうしよう？
音が出ない。
ザッ
ザッ
私にやらせて！

音が出ない。
トン
トン
はあ、これでも出ない？
ガン
ガン
ピピ、やめろ！それじゃ、壊れる！
ホイッ

ウワアア！
ちょっと待って。
クルッ
……ジオ？

どうした？
なぜ急に
回ってるんだ？
ガラガラ
グルッ
ウワッ

ケイ、
助けて～!!!
シュウゥ
ウワ～！
吸い込まれていく！

日本の周囲も海面上昇中

日本は、国土を海に囲まれています。大都市の多くも海に面した場所にあります。近い将来、日本に影響が及ぶおそれがある海面上昇について、知っておきましょう。

1年あたり3.5mm海面が上昇

世界の海面はどのくらい上昇しているのでしょう？ IPCC（気候変動に関する政府間パネル）の第6次評価報告書によると、2006～2018年の12年間で世界の海面の平均水位は、1年あたり3.7mm上昇したとされています。日本沿岸では、2004～2023年の間に平均海面水位が1年あたり3.5mm上昇したと気象庁は発表しています。この上昇率は世界平均と同じ程度だと気象庁は述べています。

©iStock

海に面した巨大都市東京。近い将来、どんな海面上昇の影響を受けるのだろうか？

海面上昇を予測するのは簡単ではない

『海面上昇のサバイバル1』で、海面の上昇を引き起こす主な要因は「海水の熱膨張」と「溶け始めた極地の氷河」であることを学びました。実はこれ以外にも、海面上昇にはさまざまな要因がからんでいます。

その1つが、「ハイドロアイソスタシー」と呼ばれる現象です。極地（グリーンランドや南極）の氷河が溶けると、氷河があった地域では、氷河の重さが減るので陸地が持ち上がります。一方、極地から離れた地域では、氷河が溶けて海水が増えた分、海水の重みが増すので海底が沈みます。海水が増えても、海底が沈むので海面上昇の高さはおさえられます。 さらに、海底の下にあるマントルにも、増えた海水の重さがかかります。すぐには反応しませんが、時間をかけてマントルは押され、陸をつくる地殻の下へ移動します。その結果、海の周囲の陸は持ち上がります。このことも、海面上昇の高さをおさえます。

このほかに、地震や火山活動、川の流れや海の波が大地をけずったり土砂を積もらせるはたらきなど、さまざまな要因が関わっているので、海面上昇を予測するのは簡単ではありません。

とは言っても、地球温暖化による海面上昇が私たちの未来をおびやかしていることは確かなので、二酸化炭素など温室効果ガスの排出を減らす努力は欠かせません。

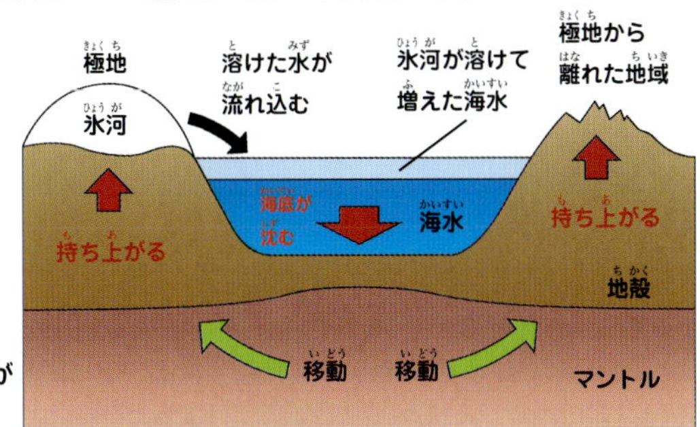

ハイドロアイソスタシーにより、海底が沈んだり陸地が持ち上がったりする

縄文時代の関東地方は、海が群馬県あたりまで入り込んでいた！

今から6000～7000年前にあたる縄文早期～前期といわれる時代、平均気温は今より2℃ほど高く、関東地方では海面が今よりもおよそ4mも高かったことがわかっています。その結果、現在の東京湾より60km以上も北にある群馬県邑楽郡あたりまで、海が入り込んでいました。このころの海岸線を見ると、今とは大きく違うことがわかります。このように、縄文時代に海が内陸まで入り込んでいたことを「縄文海進」といいます。

6000～7000年前の関東地方の海岸線

グラフィック：三原弘充／朝日新聞社

温暖化をおさえられなかったら、6000～7000年前の縄文時代のように海が広がることだって考えられます。長い年月をかけて海が陸に入り込むのなら、少しずつ対応できますが、急激に変化が起こる場合は、大きな災害が次々に起こるおそれがあります。

7章(しょう) 渦巻(うずま)きに乗(の)って

キラ
雲じゃないのか？
あれは……。
キラ
青い氷柱？
氷柱がどうしてここに？
僕はたしか船長と
ドゥームズデイ号に乗って……。
ジオ……！
ジオ！
しっかりしろ～！
起きるんだ！
船長の声…… !?
ハッ

フウ、やっと
気づいたか。
心配したぞ！
船長？
ハァ

どうなってるの？
ゴシゴシ
ケイと通信中に急に
渦に巻き込まれたところまで
おぼえてるけど……。
クルクル
ビクッ
ハッ！
外に……！

ショック
ドドーン
船長、これは
いったい何なの？
ここはいったい
どこ？

どこって。
ここは氷河の中だ。
ビクッ
フゥ
え？
氷河の中？

そんなありえないことを
言ってる場合？ じゃ、
ここで凍え死ぬの？ ねえ？
船長、答えてよ～！
落ち着いて
聞くんだ。

バタ
硬い氷河に、
いったいどうやって
入ってきたの !?
バタ

どうやってか
というと……。

まず、氷河は一種の流れる氷といえる。
長い年月の間に降った雪が積もり積もって硬くなって、積もった雪の重さのせいで下の方の雪は固まって氷のかたまりに変わる。
そうしてできた巨大な氷は、その重さによって低い方へゆっくり移動する。
棚氷：陸の氷河とつながって海に浮かんでいて、厚さが数百mにもなる巨大な氷のかたまり。
だから氷河は雪がたくさん積もる地形の地域につくられる。極地とか高山地帯みたいな地域にだ。
こうしてできた氷河は、やがて海に押し出される。その時、陸の氷河とつながって海に浮かんでいる部分を棚氷という。
氷山：棚氷から割れて海に流れ出た氷のかたまり。
流氷：海を漂っている氷。
最後は完全に溶けて、海の中に消えてしまう。

しかし、今は地球が熱くなって、棚氷が海に流れる前にその場で溶けて崩れることがある。
バリ
バリッ
じゃ、さっき海の上の巨大な氷が急に崩れたのも地球温暖化のせいだよね……。
あ、そうだ！ラジオでは地球温暖化のせいで山の上の氷河も溶けたって言ってたよね？

海の上じゃない。上から氷が崩れたように見えたのだろうが……。

実は、氷の下の部分が
暖かい海水のせいで溶けて
崩壊したのだ。
グラッ
暖かい海水
スススッ
ゴゴゴ
じゃ、
僕らがまさに
その……。
ブルブル
溶けている
氷の下に
入ったって
こと？
そうだ。しかも
氷を溶かす海水よりも
さらに温度が高い
海流のようだ。
80°N
75°N
70°N
RUSSIA
ALASKA
CANADA
180°W
140°W
120°W
巨大な氷のかたまりを一気に
溶かすほどの暖かい海流が
強く流れ込んで、氷の
下に穴を開けたみたいだ。

クルッ
こっち
ウウ、ただでさえ地球温暖化で氷河が溶けている状況で、突然熱い海流が押し寄せてくるなんて～！そんな……。
クルッ
あっち
こんなことをしている場合じゃない！ 早くここを出て緊急事態ということを広く知らせなきゃ！

……出られないのだ。
キッパリ

本当なら怖すぎるよ。
そんなつまらない冗談はよしてよ。
ええ？ 暖かい海流が穴をつくったんだよね！ そこから出ればいいだろ。
ハハッ
!!
本当だ。すでに失敗した。

本当なの!?
じゃ、僕らこれから
どうすんの?
ショック
お前が気を失っている間、
私1人で何度もやって
みたのだが……。
ギュッ
ウウ、
お願い!
暖かい海流の力が
強すぎて出られなかった。
ゴオォ
じゃ、僕らは
もう……。
ブルブル

ウワッ！
また揺れ始めた！！
ウワッ！
ヨロッ
ドン
ガシッ
まさか、また
氷が
崩れたのか？
ゴオオオ
船長！
あの前にある
穴が……！

さらに
大きくなってる!!
グアァ
このままじゃ
一瞬でこの氷が
全部溶けてしまう!
だめだ!
氷河が消え
続けると今より
海面が早く上昇する
でしょう……。
巨大氷河が消えたのは……
突然の海面上昇と関係があると
されています。
ラジオで
聞いた話が
合っているなら……。
この氷も
崩れたら……。

地球のあちこちがさらに海の深くに沈んじゃうよね……？

船長！
僕たちがあの海の勢いを止めなきゃ。
グッ
え？

今、私たちは出ることができない状況なんだぞ！
どうやって止める？
ヒラ
ヒラ

でも、このままだと、ここにある氷が全部崩れるよ！
クルッ

それなら
今ここにいる僕たちが、
何とかしなきゃ！
この巨大な氷が
さらに溶けると地球に
悪影響を及ぼす。
ピピのおばあちゃんの
家がある島を
含めて！
何か方法が
あるはず！
グッ
僕たちが何とか
するしかない!!

高潮発生！　６つのとるべき行動

地球温暖化により、南極やグリーンランドにある氷河の溶ける速さが増しています。それにともなう海面上昇は、台風などの時に高潮や洪水による被害を大きくします。ここで高潮が発生して危険が迫った時の行動を確認しておきましょう。

＊レベル１～２は気象庁が発表、３以上は市町村が発令。

人口1000万人を超える世界の巨大都市約30カ所のうち、およそ半分が海岸に位置しています。海岸沿いで暮らす人は、高潮への対応として以下の6つのことを知っておくことが大切です。

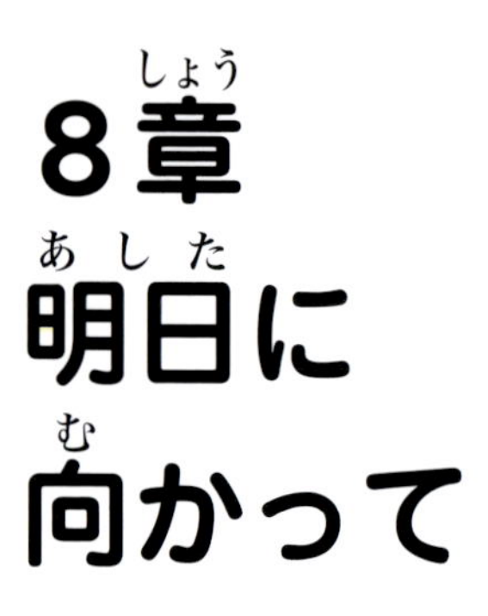

8章 明日に向かって

ラジオで氷河が溶けて海面が上昇してるって言ってたよね！
じゃ、氷河が溶けるのを止めれば、海面上昇も止められるってことだよね！

このドゥームズデイ号に私のすべての技術力を込めたんだ。どんな海でも探査ができるから、地球最後の日まで海の不思議を解き明かすことができる！
ノウ博士がドゥームズデイ号に博士のすべての技術力を盛り込んだって言ってた！ きっとこの問題を解決する能力もあるはず！
鉱物を自由自在に小さくしたり大きくしたりするのは並大抵の技術でできるものではない。
私もドゥームズデイ号のすごさは知っている！
ソワソワ
そうだ！もしその鉱物がここにあれば、すべての問題が解決可能だ！
どういうこと？
ハッ
解決可能だって……？

ゴオオ
鉱物を後ろ向きに排出させ、推進力を得て、前に出ればここから脱出できる。
脱出したら、ドゥームズデイ号の代表的な技術である、物体の大きさを自由に調節できる特殊ビームを使う！
!!
ビビビビー
ギッシリ
ふさげた！
ビームで鉱物を大きくすれば、あの穴を堤防のようにふさげるはず！
そうするだけでも、氷を溶かすあの熱い海流の方向を変えることができるから、いったん氷が溶けるスピードを遅らせることができるだろう。
海流の方向

鉱物を
少しだけでも残してたら
よかった！
船長は
どうしてあんなに
一生懸命鉱物を
捨てたの？
ワア、
本当に残念！
バタ
バタ
ウッ

あ、
そうだ！
パチン
ピカッ

え？
そりゃ、当然
その日に……。
船長！
最後に採掘した鉱物は
いつパラダイス号に
移したの？

そうだった！
あの日は台風と急激な海面上昇が起きた日だった！
キャッ
あれ？
どこに行く!?
ドゥームズデイ号が波に押し流されています！
ハッ
ザブーン
ザブーン
そうだよ！
鉱物を移す時間がなかったよね？
あの悪天候でドゥームズデイ号を引き揚げるのに必死で、パラダイス号に鉱物を移すひまがあるはずないでしょ！
サッ
ハッ！
あった！
まさかあの日の鉱物がドゥームズデイ号にそのまま残ってるって!?
スタタッ
パチ
パチ
すぐに確認してみて、船長！
99

やった！助かったよ、船長!!
ジオ、お前は天才だ!!
ヤッター
ヤッター

よし、やってみよう、ジオ！
サッ
はい、船長！

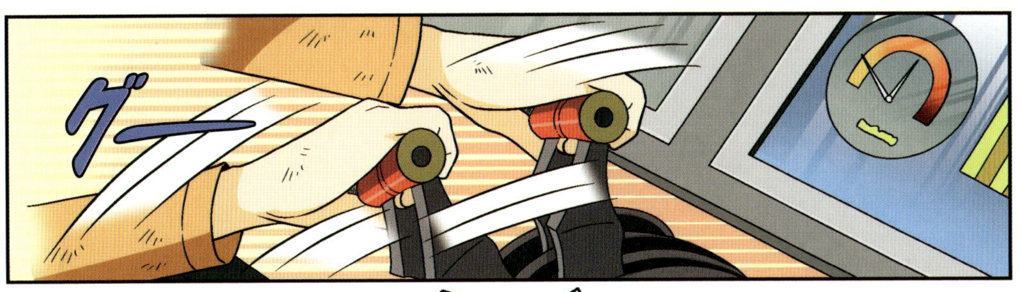

グー

行くぞ～!!!
グッ

ゴオオ
鉱物を排出する力で加速し、
そのおかげで軽くなったドゥームズデイ号の推進力を上げて、
ここを抜け出す！
ガタン
ザアア
ガタン
ゴオオ

ジオ、いっぺんに
全部排出しろ！
ガタン
ガタン
ウワ、もう少しだ……！
ビューーン
了解！
パチ
パーッ

ビューーッ
ウワ！
脱出成功だ、
船長！！
一番大事なことが
残ってるぞ。しっかり
つかまってろ！
クルッ
はい！！
今から鉱物を
大きくして、
ずっと大きくなり
続けるあの氷の穴を
ふさぐ！
クルッ

準備完了！
ビューーン
最大の大きさにするぞ！
ビーム発射～！！！
ビューーン
お願い……！
グッ

ググググッ
ウワア……！
ハッ
成功した！
グーーッ

成功だ!!
キャーッ
ヤッホー
穴がふさがった！ 僕らが氷を救ったんだ!!
じゃ、上に上がって……。
あれ……？
ピク
ピク
ピク〜
ピク〜
せ、船長！ あれって今も大きくなってるよね？ ビームを撃ちすぎたかな……？

ウアッ！
ガタン
ガタン
ゴオオ
ドバアアア

鉱物が
大きくなり続けて
いる！
大丈夫！
ガタン
ガタン
あれが氷の前で
丈夫な防御壁になって
くれてる！
ビュウウ
ウワアッ！
でも、上がり続けてる
けど？
しっかり
つかまれ!!

ブクブク
あっ、あれは……！
この泡はいったい何？
ザアアッ
無事に帰ってきたんだね！
ヒラヒラ
ジオ、お前はまた何をしでかしたんだ!?
コラッ
ジオ！
キャー

ドゥームズデイ号!?
ヨロッ
ドドドッ
応答せよ～!
あれ、
返答がない?
クルクル
ウワ～、
目が回る。

＊CO_2：二酸化炭素のこと。

続いて、世界各地でくり広げられている対策についてお伝えします。
氷河が消えた高山では、太陽熱をさえぎるため地面を白い布でおおっています。このような方法で、少しでも温度を下げようとしているそうです。
また、各国は再生可能エネルギー生産のための支援を強化することにしました。
崩壊した防潮堤を修理し、生活基盤の復旧を行っている海岸地域では、
塩分に強い植物を植える活動を始めています。

トコ！
ここにも全部植えたよ！
スーッ
うん、ジオさん！
もっと持ってくよ！
ケイさんも
もっといる？
バシャ
バシャ
僕は休むよ。いてて、腰が～！
グーッ
ウッ
フク
もっと早く植えればよかった！
このマングローブ、
すごく素敵。

＊防風林：風を防ぐために育てられた林。

『海面上昇のサバイバル2』おしまい。

01 サバイバル○×クイズ

『海面上昇のサバイバル②』を通じて、私たちの暮らしをおびやかす地球温暖化について学びました。読んだ内容を思い出し、Q１～Q３の問題で正しければ○、間違っていたら×をつけましょう。

Q１. 氷河は動かない氷のかたまりだ。

Q２. 暖流は暖かい海水が流れる海流だ。

Q３. 高潮が発生した時は、鉄筋コンクリート造りより木造の建物が安全だ。

Q1－×、Q2－○、Q3－×

02 穴埋め問題

海面上昇について学んだことを思い出しながら、次の質問を読んで空欄に合う単語を入れてみましょう。

1．氷河（棚氷）から割れて海を漂う大きな氷のかたまりを何といいますか？

□□

2．暖かい海水を寒い高緯度地域に運び、高緯度地域を温めてくれる海流を何というでしょうか？

□□

3．世界でいちばん早く太陽が昇る国として知られ、海面上昇により多くの場所が海水に浸かるのではないかといわれている国はどこでしょうか？

□□□□

正解　1．氷山　2．暖流　3．キリバス

海面上昇のサバイバル2

2024年９月30日　第１刷発行

著　者　文　ゴムドリco.／絵　韓賢東
発行者　片桐圭子
発行所　朝日新聞出版
〒104-8011
東京都中央区築地5-3-2
編集　生活・文化編集部
電話　03-5541-8833（編集）
03-5540-7793（販売）

印刷所　株式会社リーブルテック

ISBN978-4-02-332329-2
定価はカバーに表示してあります

落丁・乱丁の場合は弊社業務部（03-5540-7800）へ
ご連絡ください。送料弊社負担にてお取り替えいたします。

Translation：HANA Press Inc.
Japanese Edition Producer：Satoshi Ikeda
Special Thanks：Noh Bo-Ram / Lee Ah-Ram
(Mirae N Co.,Ltd.)

読者のみんなとの交流の場「ファンクラブ通信」は、クイズに答えたり、投稿コーナーに応募したりと盛りだくさん。「ファンクラブ通信」は、サバイバルシリーズ、実験対決シリーズ、ドクターエッグシリーズの新刊に、はさんであるよ。書店で本を買ったときに、探してみてね!

おたよりコーナー 1

ジオ編集長からの挑戦状

みんなが読んでみたい、サバイバルのテーマとその内容を教えてね。もしかしたら、次回作に採用されるかも!?

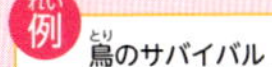

例 冷蔵庫のサバイバル
何かが原因で、ジオたちが小さくなってしまい、知らぬ間に冷蔵庫の中に入れられてしまう。無事に出られるのか!? (9歳・女子)

おたよりコーナー 2

キミのイチオシは、どの本!?

サバイバル、応援メッセージ

キミが好きなサバイバル1冊と、その理由を教えてね。みんなからのアツ〜い応援メッセージ、待ってるよ〜!

例 鳥のサバイバル
ジオとピピの関係性が、コミカルですごく好きです!! サバイバルシリーズは、鳥や人体など、いろいろな知識がついてすごくうれしいです。(10歳・男子)

おたよりコーナー 3

ケイ館長のサバイバル美術館

みんなが描いた似顔絵を、ケイが選んで美術館で紹介するよ。

例

みんなからのおたより、大募集!

❶コーナー名とその内容
❷郵便番号 ❸住所 ❹名前 ❺学年と年齢
❻電話番号 ❼掲載時のペンネーム（本名でも可）
を書いて、右の宛先に送ってね。
掲載された人には、
サバイバル特製オリジナルグッズをプレゼント!

●郵送の場合
〒104-8011 朝日新聞出版 生活・文化編集部
サバイバルシリーズ ファンクラブ通信係

●メールの場合
junior @ asahi.com
件名に「サバイバルシリーズ ファンクラブ通信」と書いてね。

ファンクラブ通信は、サバイバルの公式サイトでも見ることができるよ。

科学漫画サバイバル 検索

※応募作品はお返ししません。
※お便りの内容は一部、編集部で改稿している場合がございます。

ヤン博士
勇敢でたくましく、心優しい行動派。「チーム・エッグ」では主に撮影を担当。

エッグ博士
明るくユニークで、子どもたちに大人気。「チーム・エッグ」として仲間のウン博士、ヤン博士とともに、いきものの魅力を伝えるコンテンツを日々制作している。

ウン博士
いきものについての知識が豊富な知性派。「チーム・エッグ」のブレーン的存在。

理科の基礎を楽しく学べる！ 生物世界への入門書

「いきもの大好き！」なエッグ博士、ヤン博士、ウン博士の３人が、
いきものの魅力と生態をやさしく、楽しく伝えるよ！

ドクターエッグ①
ハチ・クワガタムシ・カブトムシ 152ページ

ドクターエッグ②
サメ・エイ・タコ・イカ・クラゲ 156ページ

ドクターエッグ③
カエル・サンショウウオ・ヒル・ミミズ 152ページ

ドクターエッグ④
ゲジ・ムカデ・クモ・サソリ 152ページ

ドクターエッグ⑤
カマキリ・ナナフシ・アリジゴク・トンボ 160ページ

ドクターエッグ⑥
トカゲ・ヘビ・カメ・ワニ 160ページ

ドクターエッグ⑦
オウム・ミミズク・クロハゲワシ 156ページ

ドクターエッグ⑧
アリ・チョウ・ガ・ゴキブリ 156ページ

ドクターエッグ⑨
マッコウクジラ・ダイオウイカ・深海クラゲ 158ページ

各1320円（税込み）
B５変判

朝日新聞出版